U0349287

花生生产

|实|用|技|术|问|答|

张佳蕾 万书波 著

中国农业科学技术出版社

图书在版编目（CIP）数据

花生生产实用技术问答 / 张佳蕾，万书波著 . -- 北京：
中国农业科学技术出版社，2023.3
ISBN 978-7-5116-6234-7

Ⅰ.①花…　Ⅱ.①张…②万…　Ⅲ.①花生－栽培技术－
问题解答　Ⅳ.① S565.2-44

中国国家版本馆 CIP 数据核字（2023）第 051560 号

责任编辑　白姗姗
责任校对　王　彦
责任印制　姜义伟　王思文

出 版 者　中国农业科学技术出版社
　　　　　北京市中关村南大街 12 号　　邮编：100081
电　　话　（010）82106638（编辑室）　（010）82109702（发行部）
　　　　　（010）82109709（读者服务部）
网　　址　https://castp.caas.cn
经 销 者　各地新华书店
印 刷 者　北京地大彩印有限公司
开　　本　148 mm × 210 mm　1/32
印　　张　5
字　　数　100 千字
版　　次　2023 年 3 月第 1 版　2023 年 3 月第 1 次印刷
定　　价　39.80 元

《花生生产实用技术问答》
著者名单

主　著：张佳蕾　　　万书波

副主著：王建国　　　高华鑫　　　郭　　峰

　　　　唐朝辉　　　刘珂珂　　　康建明

　　　　张　正　　　陶寿祥　　　张春艳

前言

PREFACE

　　花生是我国重要的经济、油料和出口创汇作物，能压榨清香花生油、加工美味食品、生产优质饲料，并且花生是甜茬作物，可以增加土壤氮素。推进花生产业健康持续发展，在新时代农业发展中，具有重要的经济效益和社会效益。

　　目前，全国花生种植面积年均已达 7 200 万亩，平均亩产荚果 254 千克，年总产达到 1 830 万吨。我国花生最高亩产已达到 782.6 千克，是世界花生单产最高纪录，但平均亩产与最高亩产之间的产量差高达 500 余千克。为了更加有效地普及花生优质、高产和高效栽培技术，科学种植花生，不断提高单产和总产，快速发展花生产业，增加经济效益，山东省农业科学院组织花生方面的专家撰写了《花生生产实用技术问答》一书。

　　该书根据新时代花生产业化和创新栽培技术需要，从花生生物学特性、品种生育特点、高产栽培规律和先进技术实践等方面，进行撰写，并配以图片说明。本书力求易看易懂，便于理解操作，不论农技人员还是种植户，都能有所获益。书中注重快速实现花生品种优质化、栽培技术标准化、生产过程机械化及花生产业规模化，定能对花生产业起到有效的指导和推动作用。

　　本书在撰写过程中，得到了多位花生专家和同仁的帮助，在此一并感谢。书中若有不妥之处，恳请读者批评指正。

著　者

2022 年 12 月 30 日

目录

CONTENTS

01

花生的起源在哪里？

　　花生起源有两种说法。

　　（1）我国　在浙江省吴兴县和江西省修水考古中，挖掘出4 000年前花生种子炭化物化石。

　　（2）南美洲　公元前700年至公元前200年，花生大量种植于南美洲。16世纪30年代初，由葡萄牙人从海路传入后，在上海市近郊种植。开始种植的是珍珠豆型小花生，后发展种植了普通型大花生等多个品种。

花生种子化石

1

阿根廷蔓生珍珠豆型小果——兰娜

中国立蔓普通型大果——花育 36 号

兰娜荚果籽仁

花育 36 号荚果籽仁

02

花生是什么作物？

　　花生是地上开花下果针、地下结荚果的作物，也是高产、优质和高效的油料作物。完整的花生植株主要由营养体根、主茎（主枝）、分枝、叶、生殖体花、果针和荚果七部分组成。

花生地上开花下果针、地下结荚果

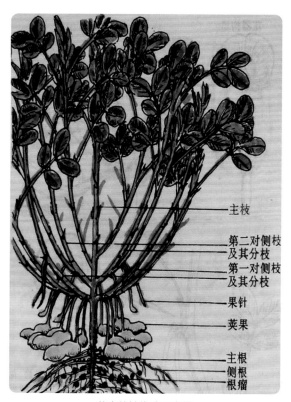

主枝

第二对侧枝及其分枝

第一对侧枝及其分枝

果针

荚果

主根
侧根
根瘤

花生植株构造示意图

03

花生根的构造、分布、生长和功能怎样？

（1）构造 花生根为直根系，由主根和多条次生侧根组成。主根由胚根发育而成，主根上长出的侧根为一级侧根，一级侧根长出的侧根为二级侧根，以此类推。四列一级侧根在主根上呈"十"字形排列，侧根为二元型或三元型。另外，在侧枝基部和胚轴上也可产生不定根。

（2）分布 根在土壤全土层中，分部在耕作层、心土层和底土层。耕作层（0～30厘米）分为结实层（0～10厘米）和主根层（10～30厘米），心土层为须根层（30～50厘米），底土层为深根层（50～100厘米）。

（3）生长 花生根与茎部交界处称为胚轴，也叫胚茎或根颈。当种子发芽后，胚轴向上伸长，将子叶顶出地面。种子倒置，胚轴会弯曲生长，影响花生出土。播种过深，胚轴细长，消耗的养分过多，不利于幼苗和根系的生长。播种过浅，胚轴短，幼苗落干死亡。花生播深3～4厘米，使根颈长度达到3厘米最好。

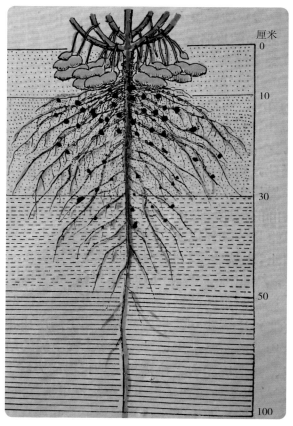

根的构造与分布示意图（单位：厘米）

花生在未出苗前，根茎和胚根伸长。当花生出苗后，花生根逐渐形成，开始迅速生长。到花生开花下针期后，就能形成庞大的根系，吸收土壤中的水分和养料，供给花生生长发育。

播种后 7 天

播种后 14 天

播种后 21 天

播种后 28 天

（4）功能　花生是豆科作物，根能生成根瘤，具有固氮作用。花生 3/5 的氮素由根瘤供给。主根上部的根瘤大，固氮能力强。花生需要的营养元素绝大多数通过根系吸收。根系吸收的磷素，多数供给了根瘤菌的繁殖；吸收的钙素，除本身需要外，大部分输送到茎叶中。

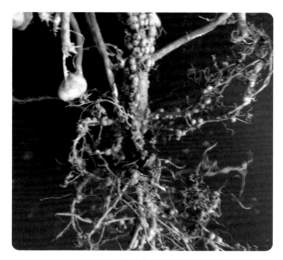

花生根瘤

04

花生主茎形态和生长规律怎样？

花生主茎（或称主枝）直立，幼时为圆形，中部有髓，中后期下部木质化，中上部呈棱角状，髓部中空，茎上有白色茸毛。主茎色为绿色，老熟后为褐色。花生主茎 15～25 节，高度（从子叶节到主茎生长点）15～75 厘米。

一般花生主茎比第一对侧枝短，当与高秆作物间套作长度相反时，易发生"高脚苗"。温度超过 31℃或低于 15℃时，主茎停止生长，温度降到 23℃以下，生长较慢，温度在 26℃生长最快。

主茎形态

主茎高度

05

花生分枝规律与作用是什么?

花生是多次分枝作物。主茎上长出的分枝称为第一次分枝,第一次分枝上生长的分枝称为第二次分枝,以此类推。第一次分枝的第一、二个分枝是由子叶节上长出,为对生,称为第一对侧枝。第三、四个侧枝着生节间很短,好似对生,为第二对侧枝。主茎上生出四条侧枝后,叫团棵期。第一、二对侧枝花生开花结荚占结荚总数的 70%~90%。500 千克 / 亩(1 亩 ≈ 667 平方米)荚果花生高产田单株分枝数 10~15 条。

花生茎枝

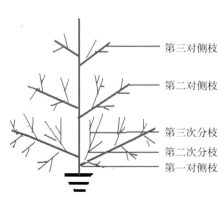

花生分枝示意图

第三对侧枝
第二对侧枝
第三次分枝
第二次分枝
第一对侧枝

花生分枝有两种类型。

（1）密枝型 植株发生分枝两次以上，分枝多于 15 条，如鲁花 14 号等。

（2）疏枝型 植株发生二次分枝，总分枝不超过 10 条，如白沙 1016 等。

根据花生侧枝生长形态、主茎与侧枝长短比例和其所成角度分为蔓生型、半立蔓型和立蔓型 3 种株型。

蔓生型

半立蔓型

立蔓型

茎枝主要作用是起疏导和支持作用，是联系根、叶，输送水、无机盐和有机养料的主要结构。它能把根部吸收的水分和无机盐输送到各部分，把叶片光合产物也输送到植物体的各部分。

06

花生叶的分类、形状、生长、特性和功能有哪些？

（1）分类　花生叶分不完全叶和完全叶。完全叶可分为真叶和变态叶两类。每一枝条第一、第二、第三节生长的叶都是不完全叶，称"苞叶"或"鳞叶"。花序生有桃形苞叶，花的茎部有一片二叉状苞叶。花生真叶为4小叶羽状复叶，包括托叶、叶枕、叶柄、叶轴和小叶等部分。

不完全叶

真叶　　　　　　　　　　　　　变态叶

（2）形状　小叶对生，叶柄极短，边缘生有茸毛，叶面光滑，羽状网脉，叶背面主脉突起，生有茸毛。小叶形状有椭圆形、长椭圆形、倒卵形、宽倒卵形4种。叶色有黄绿色、淡绿色、绿色、深绿色和暗绿色等。

椭圆形　　　　　　　　　　　　长椭圆形

倒卵形

宽倒卵形

（3）生长 花生真叶生长过程：幼苗出土后，两片真叶首先展开，当主茎第三片真叶展开时，第一对侧枝上的第一片叶同时展开，以后主茎每长一片叶时，第一对侧枝也同时长出一叶，叶片展开后就停止伸长。

茎展开 3 片真叶

（4）**特性** 花生叶是光合作用制造养分和进行蒸腾作用的重要器官，并具有吸收叶面施肥的功能。花生叶片夜间或阴天自行闭合，次晨或晴天又重新张开，这种"昼开夜合"的生物特性，称为感夜运动或睡眠运动。花生叶片正面随太阳辐射角的变化而变化，这种现象称为向阳运动。

白天叶片张开

晚上叶片闭合

（5）光合作用 花生的光合性能与产量有密切的关系，产量高低取决于花生的光合面积、光合能力、光合时间、光合产物消耗和光合产物分配利用 5 个方面。从光能利用的角度对花生的高产潜力进行了估算，珍珠豆型的小花生荚果产量可达到 791.7 千克／亩，中晚熟大花生荚果产量可达到 1 151.7 千克／亩。所以，花生是喜光、喜温的高光效作物，具有高产、稳产和超高产的生物学特性。

花生光合效率测定

07

花生叶子能治失眠？

据测定，花生叶中含有丰富的纤维素、果胶、维生素和叶醇，还含有大豆皂醇B、胡萝卜苷、棕榈醇等化合物，这些化合物具有保肝解毒和助眠安神作用。每次采用鲜花生叶30克或干花生叶15克，开水冲泡后，代替茶叶饮用，可以防治头疼和失眠。

花生叶晒干后饮用

花生高产田叶片

无公害花生叶子

08

花生花的构造和功能是什么？

花生花是两性完全花，由苞片、花萼、花冠、雄蕊和雌蕊五部分组成。

（1）苞叶　苞叶绿色，分外苞叶和内苞叶。外苞叶较短，桃形，生长在花序轴上，包围在花的外面；内苞叶较长，前端有二分叉。

（2）花萼　花萼位于内苞叶之内，下部联合成一个细长花萼管，花萼管多呈黄绿色，外有茸毛，长约3厘米。花萼管上端为5枚萼片，萼片呈浅绿色、深绿色或紫绿色。

花的外部

花的内部

（3）花冠 花冠蝶形，从外到内为 1 片旗瓣、2 片翼瓣和 2 片龙骨瓣，为橙色或深黄色、浅黄色，旗瓣最大，具有红色纵纹，翼瓣位于旗瓣内龙骨瓣的两侧，龙骨瓣 2 片愈合在一起，还有萼片。

（4）雄蕊 雄蕊有雄蕊管，花生花蕊包在 2 片龙骨瓣内，每朵花有雄蕊 10 枚，其中 2 枚退化，只有 8～10 枚。雄蕊通常 4 长 4 短，相间而生。4 个花丝长的雄蕊为长花药，花药较大，长椭圆形，成熟较早，先散粉。4 个花丝较短的雄蕊为短花药，花药圆形，发育较慢，散粉晚，散粉前形成单室。

（5）雌蕊 雌蕊位于花的中央，由子房、花柱和柱头组成，花柱从雄蕊管内伸出，柱头长有很多茸毛，顶端略膨大为小球形。子房位于花萼管和雄蕊管基部，基部有子房柄，在开花授粉后，柄伸长，把子房推入土中。

花生生产实用技术问答

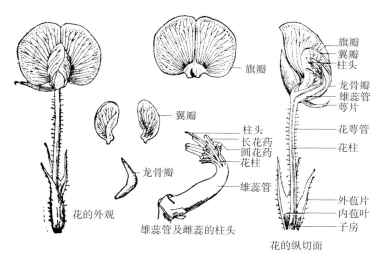

花生花结构示意图

09

花生开花有几种类型?

花生开花分为两种类型。

（1）连续开花型　即主茎开花，侧枝不论是否再分枝，每个节上都能开花。

（2）交替开花型　一般主茎不开花，侧枝的第一、二节分枝，第三、四节开花，第五、六节再分枝，第七、八节开花，分枝与花序交替出现。花生开花为前一天16时，花朵明显增大，傍晚花瓣开始膨大，撑开萼片，微露出黄色花瓣，直到夜间，花萼管迅速伸长，花柱也同时伸长，次日开放。开花时间在5—7时。开花授粉后，当天下午花瓣萎蔫，花萼管逐渐干枯。花生开花期较长，为50～90天，单株花量50～300朵。

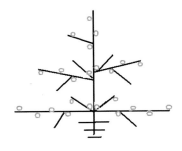
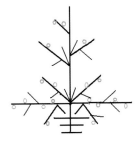

连续开花型示意图　　　交替开花型示意图

10

果针的作用是什么？

花生开花受精后 3～6 天，形成肉眼可见的果针（子房柄和子房）。它是联系荚果和花生植株的纽带，荚果发育的养分、水分通过果针运输。果针表皮生有毛皮层，最外层含有叶绿体。果针入土后，可吸收养分和水分。它具有向地下生长的习性，最初略呈水平，不久便弯曲向下生长和入土，达到一定的深度后，停止伸长，子房开始膨大。基部果针经 4～6 天入土，高节位果针入土约需 10 天。果针伸长 10 厘米后，速度减慢，入土结荚能力降低，不入土就停止生长。植株基部节间短、开花早，距地面近，果针大多数能入土结实。上部开花晚，距地面远，果针往往不能入土结果。

花生果针

果针入地形成荚果

果针输送营养籽仁成熟

11

花生为什么会地上开花地下结果？

花生是地上开花受精下针、地下结果的特殊作物。花生荚果发育必须符合 4 个条件。

（1）**黑暗** 黑暗是子房膨大的基本条件。果针只有入土后，而且在不见光的情况下，子房才开始生长膨大。果针悬浮在地上，或在土里见到光，都不能形成有价值的花生荚果。

（2）**水分** 土壤中结果层适宜的水分是花生荚果发育的重要条件，结果层干燥，即便根系能吸足水分，地下荚果也不能正常发育。

（3）**营养** 花生的荚果发育需要足够的氮、磷、钾、钙等多种营养元素，除了光合作用提供一些外，主要是从土壤中获取。

（4）**摩擦刺激** 将生长时的花生果针放在暗室的营养液中，子房虽能膨大，但发育不正常。若放在有蛭石摩擦刺激的小管中，荚果便能正常发育。所以，果针入土经过摩擦刺激后，才能正常发育。

地上开花

　　另外，花生荚果发育所需要的适宜的氧气、温度等条件，必须在地下才能得到满足。

地下下针结果

荚果在地下生长进程

12

荚果是如何生长发育的?

花生果针入土后停止生长,子房开始膨大,荚果开始发育。从果针入土到荚果成熟,需要 50～70 天。从子房开始膨大到荚果成熟,分为两个阶段。

(1)荚果膨大阶段 此期在果针入土后 20～30 天内,荚果体积急剧增大形成定型果。定型果壳木质化程度低,果壳网纹不明显,表面光滑、黄白色。荚果幼嫩多汁,含水量 80%～90%,籽仁刚开始形成。

生长的荚果

（2）充实阶段 此期需要约30天，主要是籽仁充实。果壳干重、含水量、可溶性糖含量逐渐下降，种子的油脂、蛋白质含量、油酸含量，油酸与亚油酸的比值逐渐提高，游离脂肪酸、亚油酸、游离氨基酸含量不断下降。此期，果壳变薄、变硬，网纹明显清晰，籽仁体积不再增加，种皮变薄，荚果成熟。花生单粒精播超高产田，单株结果数达到15～50个，最高可达100个左右。

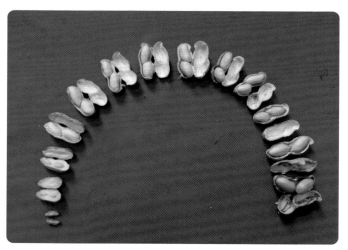

花生籽仁生长发育进程

13

荚果的构造、形状和种类怎样？

在荚果发育的同时，种子幼胚也随着发育成熟。荚果分为果壳、种子（上为前室、下为后室），种子的左前方白痕处为种脐，与果壳相联结，输送营养充实种子。

成熟荚果构造

花生荚果的形状有普通型、蚕茧形、葫芦形、斧头形、蜂腰形、曲棍形和串珠形 7 种类型。

普通型　蚕茧形　葫芦形　斧头形　蜂腰形　曲棍形　串珠形

　　根据荚果的饱满程度可分双饱果、单饱果、双秕果、单秕果和幼果 5 个种类。

双饱果

单饱果

双秕果

单秕果

幼果

根据花生荚果的果、仁的大小和形状还可分为中晚熟普通型大果品种和早熟珍珠豆型小果品种两种。

普通型大果

普通型大果米

珍珠豆型果

珍珠豆型米

14

花生种子的形状和构造怎样？

花生种子的形状可分为圆锥形、椭圆形、三角形、桃形和圆柱形 5 种。

圆锥形　　　椭圆形　　　三角形　　　桃形　　　圆柱形

花生种子由种皮和胚组成，胚由子叶、胚芽、胚轴和胚根四部分组成。

种胚构造

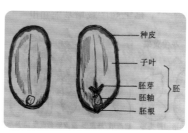

种胚构造示意图

15

什么是多彩花生？

　　花生种皮绝大部分是粉红色的，而彩色花生因变异产生出多种颜色。分为黑色、紫黑色、白色、紫红色、红白色和多色相间彩粒等多种颜色。其植株、荚果壳和去皮种仁（乳白色）与普通花生没有区别。

　　多彩花生含蛋白质、锌、硒、白藜芦醇和氨基酸等营养元素，均不少于普通花生，口感和味道尤佳。所以，多彩花生集观赏、食用、营养和保健于一体，具有很好的种植前景。

多彩花生

黑色、紫色花生　　　　　　　褐色、粉红色花生

红白相间、黄褐色花生　　　　黄白色、白色花生

16

花生从播种到成熟是怎样生长发育的？

从表1可以看出花生一生的生长发育进程。花生从播种到成熟，可分为发芽出苗期、幼苗期、开花下针期、结荚期、饱果期和收获期。

表1　花生从播种到成熟各生育期的划分标准生育进程

生育阶段	前期		中期		后期	
	营养生长阶段		营养与生殖生长阶段		生殖生长阶段	
生育时期	发芽出苗期	幼苗期	开花下针期	结荚期	饱果期	收获期
生长标准	花生从播种到50%的幼苗出土，主茎展现2片真叶	50%的幼苗出土，主茎展现2片真叶至50%的植株现花	50%植株始现花到50%的植株始现幼果	50%的植株始现花幼果到50%的植株现饱果	50%的植株始现饱果至收获	开始收获
生育天数	10～18天	20～35天	25～35天	40～55天	25～40天	
主茎叶片数	0～2片	2～8片	12～18片	16～20片	>20片	

从下面两张图片中，可以看出和了解花生播种后 0~100 天的生长发育进程。

播种后 0~50 天花生生长发育进程

播种后 55~100 天花生生长发育进程

17

花生是低产作物吗？

　　花生不是低产作物，而是高产、稳产、油料和出口创汇效益特高的经济作物。据推算，花生在土、肥、水、气、热和光良好栽培条件下，无病虫和灾害天气，采用花生良种和高产栽培技术，花生亩产荚果最高可达 1 000 千克以上。花生根多、根深、有根瘤，分枝多。单株开花量50朵至100多朵，结果数30个至100多个，重 50～100 克。

花生超高产田

单株花量多

单株成针多

单株结荚多

单株结果多

当前，花生高产田亩荚果已经达到 400～500 千克，超高产田已达 600～750 千克。2014—2016 年，山东省农业科学院培创的花生亩超 750 千克超高产田，经邀请农业部领导及国内花生专家现场测产验收结果：2014 年 9 月 26 日，莒南板泉亩产荚果 752.6 千克；2015 年 9 月 22—24 日，平度古岘亩产荚果 782.6 千克，创国内外花生单产最高纪录；2016 年 9 月 25 日，新疆玛纳斯亩产荚果 752.7 千克。

莒南板泉 752.6 千克 / 亩

新疆玛纳斯 752.7 千克 / 亩

花生生产实用技术问答

平度古岘验收

782.6 千克 / 亩创国内外最高纪录

18

花生 1 亩地能产多少油？

　　花生米压榨花生油的多少，与品种、温度和压榨工艺有关。花生米的压榨出油率为 40%～45%。花生高产田亩产荚果 400～500 千克，花生果出米率为 70%～75%。按每亩出米率平均 72.5%，出油率 42.5% 计算，可产花生米 290.0～362.5 千克，榨取花生油 123.25～154.06 千克。

花生高产田

收获晾晒花生

亩产荚果 400～500 千克

亩产米 290.0～362.5 千克

亩榨油 123.25～154.06 千克

19

植物油的种类有哪些？

　　植物油的种类很多，普遍食用和应用数量较多的主要有花生油、大豆油、油菜籽油、玉米油、棉籽油、葵花籽油、稻米油、棕榈油、芝麻香油和调和油等十几类。

花生油

大豆油

油菜籽油

玉米油

葵花籽油

棕榈油

芝麻香油

20

花生油有什么优点?

　　花生油是约占 80% 不饱和脂肪酸和 20% 饱和脂肪酸的甘油酯的混合物。含有油酸 33.3%～61.3%，亚油酸 18.5%～47.5%，软脂酸 8.41%～14% 和硬脂酸、山嵛酸、花生酸等 8 种营养必需的脂肪酸。花生油为轻度黏度的淡黄色液体，0℃凝固。它品质良好、营养丰富，气味清香，是人们最喜爱的食用油。炒菜浓香可口，油炸清脆不腻，制作食品营养丰富，实属佳品。花生油除供食用外，在工业纺织、印染和造纸等领域可作为乳化剂。具有降低胆固醇、缩短凝血时间、降低血压、治疗消化不良和镇咳祛痰等作用。

优质花生高产田

花生油

油条

桃酥

蛋糕

21

什么是高油花生？

花生是含油率最高的优质油料作物之一。花生米含油率达到 70% 以上，出油率超过 50%（一般为 40%～50%）以上的，为高油花生。山东省花生研究所选育的、推广面积较大的高油花生有珍珠豆型花育 20 号、花育 23 号等，普通型大果有花育 25 号、花育 36 号等。

花育 36 号高产田

花育 22 号

花育 25 号

花育 36 号

22

什么是高蛋白花生？

　　花生含有十分丰富的蛋白质和脂肪。每 100 克花生米中，含蛋白质超过 25 克、脂肪 44.3 克、碳水化合物 16 克，同时富含多种维生素及钙、磷、铁等矿物质的就是高蛋白花生。所以，花生是一种高蛋白食品。用其制作的蛋白奶粉、花生乳植物蛋白饮料和花生牛奶复合蛋白饮料，风味独特，营养丰富，誉为佳品。

花生蛋白奶粉

花生乳植物蛋白饮料

花生牛奶复合蛋白饮料

23

什么是高油酸花生？

　　花生中含有稳定性较差的亚油酸和耐储藏的油酸。油酸普遍含量35%～55%，超过75%，或油/亚比不低于9，称为高油酸花生。其具有营养价值高、耐储藏等诸多优点。

高油酸花生油

高产优质高油酸花育 917 号

山东省花生研究所选育的花育 910 号，油酸含量 79.3%，油/亚比 40.88；花育 9111 号，油酸含量 80.4%，油/亚比 25.6；花育 9124 号，油酸含量 82.0%，油/亚比 41.8，为高油酸品种。

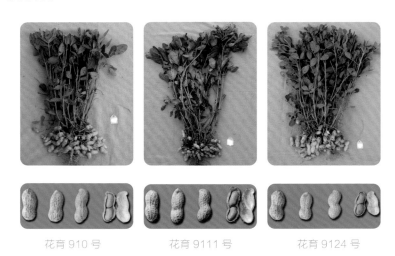

花育 910 号   花育 9111 号   花育 9124 号

24

花生的白藜芦醇含量有多少？

　　白藜芦醇是多酚类的化合物，是肿瘤化疗的预防剂，能抑制血小板的聚集，预防和治疗动脉硬化和心血管系统等疾病。

　　花生中就含这种生物活性很强的天然多酚类物质白藜芦醇，含量高达百万分之三十，而葡萄的白藜芦醇含量只有百万分之一，花生中含量是葡萄的 30 倍。

橙色花生白藜芦醇制品

绿色花生白藜芦醇制品

25

花生为什么叫长生果？

　　花生是高蛋白食品，蛋白质含量比猪肉、牛肉高 1～2 倍，比大米、面粉高 3～4 倍。蛋白质中含有人体必需的氨基酸，其中赖氨酸含量比大米、面粉、玉米高 3～5 倍，有效利用率高达 98.94%，而大豆只有 77.89%。

烤花生

花生油

　　赖氨酸能防衰老。所含的谷氨酸和天门冬氨酸能促使脑细胞发育和增强记忆力。蛋白质中的儿茶素，有很强的抗衰老功效。脂肪中含有的维生素 E 是长寿因子，具有促进毛细管增生、改善内循环、抑制血管血栓形成、防止动脉硬化、延迟人体细胞衰老、保持精力充沛、补益养身和防病延寿等功效。自古以来，人们均称赞花生为长生果。

多味花生

五香花生米

26

花生怎样施肥？

花生每生产 100 千克荚果约需吸收氮（N）5 千克，磷（P_2O_5）1 千克，钾（K_2O）2.5 千克。花生所需要养分，根据根瘤菌供氮量占总量的 50% 左右，氮素施肥量为需要量的 50% 左右。磷迁移范围小，吸收利用率低，磷的施用量比需要量高出 50% 左右。土壤中含钾较多，钾的用量应按需用量使用。所以，应按照氮减半、磷加倍和钾全量的施肥原则，获取 500 千克 / 亩花生指标，应施尿素（46%）27.2 千克，过磷酸钙（18%）55.6 千克，硫酸钾（50%）25.0 千克。单施复合肥（$N_{15}P_{15}K_{15}$）为 83.3 千克（表 2）。

表 2　花生高产田施肥数量参考表　　　　单位：千克 / 亩

施肥数量	花生亩产量				
	400	500	600	700	750
氮（N）	10.0	12.5	15.0	17.5	18.75
施尿素（46%）	21.7	27.2	32.6	38.0	40.8
磷（P_2O_5）	8.0	10.0	12.0	14.0	15.0
施过磷酸钙（18%）	44.4	55.6	66.7	77.8	83.3
钾（K_2O）	10.0	12.5	15.0	17.5	18.75
施硫酸钾（50%）	20.0	25.0	30.0	35.0	37.5
单施复合肥（$N_{15}P_{15}K_{15}$）	66.7	83.3	100.0	116.7	125.0

施肥应有机肥和无机肥搭配。要以氮、磷、钾为主。另外，根据土壤化验结果，应该加施钙肥、硼肥和锌肥等微量元素肥料。施用有机肥较多和肥力较高的地块，化肥用量可适当减少。结合冬耕或春耕将全部的有机肥和2/3化肥铺施，然后深耕25～30厘米。剩余1/3化肥起垄前旋耕于0～15厘米土层的花生单粒精播超高产田内，也可作为种肥随即施入垄沟之间。通过耕地、起垄或播种时深施和匀施这些肥料，培创一个深、肥、松的花生高产土体。

施肥耕地

氮磷钾等复混肥

撒施肥料

27

怎样选择花生品种？

　　春播花生种要选用品质优良、出苗率高、单株增产潜力大和综合性状好的中、晚熟普通型大果品种，如山东省花生产区推广的除了花育 22 号、花育 25 号、海花 1 号和花育 36 号外，还有新培育的花育 7891 号、花育 6307 号和花育 9312 号等中、晚熟品种。夏播花生高产田应选用早熟或中熟高产品种，玉米、高粱间作花生高产田，应选择中熟花生品种。

花育 9313 号超高产田

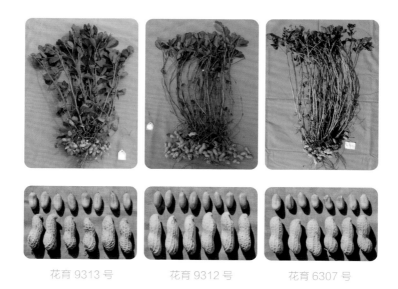

花育 9313 号   花育 9312 号   花育 6307 号

28

怎样进行花生种子处理？

（1）晒果　如果花生受潮，播种前 1～2 周，要进行晒种，即将荚果连晒 2～3 天。晒果有两个目的：一是除去种子水分，增强种子的吸水性能，打破种子冬眠，提高种子生活力和发芽率。二是杀死荚果上病菌，减轻病虫害发病率。

晒果

（2）分级粒选　种子剥壳后，进行分级粒选。将米分成三级：籽粒饱满、颜色一样的为一级米；种子重为一级米的1/2～2/3的为二级米；其余的杂色、虫食、发芽、破损和霉捂米为三级米。

播种时尽量用一级米，不足时可用部分二级米，三级米不能作种子。

一级米

二级米

三级米

（3）测定发芽率　如果种子有问题，播种前最好还要对花生种子进行发芽率试验。方法是：随机取一级和二级花生种子，每50粒为一个样本，重复3次，将样品分别放在3个容器中，用1份开水和2份凉水兑成的温水（约40℃）浸泡3～4小时后，使种子一次性吸足水分（横切种仁2/3吸足水分即可），放在磁盘或塑料袋中，置于暖和地方，进行催芽发芽。种子质量好，发芽率在100%的，可作为种子。

（4）种子包衣或拌种　在蛴螬、地老虎、金针虫等为害严重的地块，应该用毒死蜱、辛硫磷等药剂拌种。在花生根结线虫病发生地块，应该用吡虫啉、阿维菌素等拌种，晾干种皮后播种。在花生白绢病害发生较重地块，应用氟酰胺药剂进行拌种。在茎腐病、根腐病、青枯病等病害较重地块，应用黍丰单或50%多灵可湿性粉剂拌种。

测定发芽率

毒死蜱拌种

29

花生适宜播期如何确定?

花生一般在连续 5 日 5 厘米地温稳定在 15℃以上时，为裸栽适宜播种期。春播覆膜花生在连续 5 日 5 厘米稳定在 12.5℃以上时，为适宜播期。例如，黄淮海区域的山东省和西北区域的新疆花生产区，适宜播期应在 4 月 25 日至 5 月 10 日。在此之间，气温和地温合适，一般能迎来春雨，避开寒流的侵袭，是播种花生的最好时期。若播种过早，遇上寒流，容易造成烂种，冻坏胚芽造成死苗，导致根茎或幼根弯曲生长。

适宜播期

播种过早烂种

胚芽冻死

根茎和幼根弯曲

30

花生播种适宜土壤含水量是多少？

花生播种时土壤水分以田间最大持水量的 60%～70% 为宜，即耕作层土壤手握能成团，手搓较松散时，最有利于花生种子萌发和出苗。土壤含水量低于 40% 易落干，种子不能正常发芽出苗，高于 80% 易发生烂种或幼苗根系发育不良。在适期内，要有墒抢墒、无墒造墒播种。年降水量少的干旱花生产区，如新疆等地应推广花生地膜膜下滴灌技术。可采用花生多功能地膜覆盖播种机，一次性将起垄、播种、施肥、喷除草剂、铺滴管、覆膜或打孔播种等多道工序完成，或用人工和机械铺设滴管。

滴灌覆膜花生

喷水造墒

联合播种机铺设滴灌管

31

花生覆膜栽培对地膜有哪些要求？

花生地膜覆盖能增温调温、保墒抗旱和保持土壤松暄，达到增产 30%～50% 的作用，花生地膜应达到 4 个要求。

（1）宽度　我国花生地膜栽培多采用大垄双行栽培模式，垄幅宽 80～90 厘米，垄面宽 50～60 厘米，垄沟宽 30 厘米。膜宽以 80～90 厘米为宜。

（2）厚度　经多年推广应用，出于多种因素考虑，花生地膜的厚度以 0.005～0.007 毫米为宜。

（3）透光率　地膜的颜色有黑色、乳白色、银灰色、蓝色和褐色，但增温效果仍以透明膜最好，其透光率≥90%。一般花生地膜的透光率≥70% 为宜。

（4）展铺性能好　地膜应不黏卷、不破碎，容易覆盖，膜与垄面贴实无褶皱。断裂伸长率纵横≥100%，确保人工和机播覆膜期间不碎裂。覆盖后，维持 3 个月以上不破碎，大风不断裂。

地膜展铺性好

机播覆土膜无损伤

花生出苗后膜完好

32

怎样进行花生精细播种覆膜？

（1）人工播种覆膜 播种前铺施剩余化肥，用旋耕犁旋耕1～2遍，做到地平、土细、肥匀。然后按照密度规格起垄。播种时，先在垄上开两条播种沟，也可在垄上按要求打孔播种，播种沟深和孔深保证3～4厘米，播种过深，出苗晚，根茎伸长，严重影响花生分枝和开花结果。

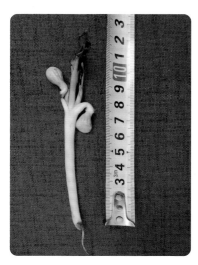

播深超过7厘米造成死苗

播种过深的幼苗

　　按预定密度足墒播种，若墒情不足，应先顺沟浇少量水，待水渗下后，再播种。播后随即覆土，搂平垄面，然后覆膜。覆膜前，每亩喷施96%金都尔乳油除草剂60~80毫升，或50%乙草胺除草剂100~120毫升，加水50~60千克，随即覆膜压土。覆膜后在播种行上方盖5厘米厚的土埂，能避免风吹破坏地膜，促使花生自动破膜出土，并引升花生子叶节出膜，有利于花芽分化。

开沟播种

覆土盖种

打孔播种

播后机械覆膜

（2）机械播种覆膜　选用性能好的花生联合播种覆膜机，将花生施肥、起垄、播种、喷洒除草剂、覆膜、膜上压土等工序 1 次完成。播种前要根据密度调好穴距,根据化肥数量调整施肥器流量。

机械播种

苗齐苗壮苗旺

机械打孔

人工播种

33

花生出苗期怎样进行田间管理？

花生从播种到出苗，需 10～18 天。要想达到苗齐、苗全、苗壮的目的，应及时开膜孔放苗。若开孔放苗过晚，地膜内湿热空气能造成烂种，或灼伤花生幼苗，影响幼苗生长，严重时能造成死苗。开孔放苗后，还要及时把地膜盖在里面的花生茎枝抠出来，以免影响花芽分化。

花生幼苗遭灼伤

盖在地膜下的茎枝、花

在花生播种行上压土带的，花生幼苗能顶土破膜出苗，并及时将土堆撒到垄沟中。因压土不足，或没有压土带的覆膜花生，当幼苗鼓膜刚见绿叶时没有顶破薄膜的，要人工及时在苗穴上方将地膜撕开一个小孔，把花生幼苗从地膜里抠出。开膜孔时一定要小心，而且要在膜孔上方压土，不仅能够保护地膜不被大风吹翻破碎，还有引升花生子叶节出膜的作用。力争达到苗齐、苗全和苗壮的目的。

播种后覆土

退土放苗

花生幼苗

加强苗期管理

34

花生地上病害有哪些?

花生地上病害有叶斑病(黑斑病、焦斑病、网斑病、褐斑病)、茎腐病、青枯病、锈病、白绢病、病毒病和白叶病等。花生始花开始,病叶率达到 10% 时,要用多菌灵、硫胶悬剂、波尔多液、百菌清、代森锰锌等药剂,每隔 12 天喷施 1 次,连续喷3 次。在偏盐碱地种植的花生,应喷施硫酸亚铁溶液防治白叶病。

喷药防治病虫害

（1）叶斑病　包括黑斑病，病斑在叶正、背两面，症状为黑色圆形或近圆形，感病叶片面积较大。焦斑病病斑在叶片边缘，症状褐色或黑色，呈"V"形，病斑边缘呈黄色晕圈。网斑病病斑在叶面上，症状为黑褐色大斑，呈网状形，好似被热水烫伤一样。褐斑病病斑症状比较明显，在褐色病斑周围有黄色晕圈，好像青蛙眼一样。

黑斑病

焦斑病

网斑病

褐斑病

（2）花生锈病　发病初期，首先叶片背面出现针尖大小的白斑，同时相应的叶片正面出现黄色小点，以后叶背面病斑变成淡黄色并逐渐扩大，呈黄褐色隆起，表皮破裂后，用手摸可粘满铁锈色粉末。严重时，整个叶片变黄枯干，全株枯死，远望呈火烧状。

（3）花生病毒病　蚜虫为害容易诱发花生病毒病发生，病株顶端叶片出现褪绿黄斑，叶片卷曲。随后发展成黄绿相间的黄花叶、网状明脉和绿色条纹等各类症状。植株中度矮化。

花生锈病　　　　　　　　　　　　　花生病毒病

35

花生黄白叶片怎样防治？

　　花生黄白叶片有 3 种表现：一是整株或部分花生叶片变白成为白化苗，但数量不多，面积较小，对产量影响不大。二是缺肥，特别是缺氮肥，加之降水量较大，水分过大，肥料流失严重，花生黄白叶片大面积产生，光合效率降低，影响产量。三是盐碱地如棉花产区改种花生后，因为铁、锌和钾等微量元素缺乏，特别是铁元素数量偏低，造成大面积黄白叶片，严重影响产量。

全株白化

部分白化

遇涝缺氮叶片黄白

棉区花生缺铁等叶片黄白

防治花生黄白叶片的方法有 3 种：一是花生地应该挖好堰下沟、竹节沟，与垄沟形成三沟配套，避免涝灾。二是耕地时，应施足基肥和氮肥，盐碱地加施硫酸亚铁等微量元素肥料。三是在容易产生黄白叶片的花生地，及时叶面喷施 1% 的尿素和硫酸亚铁溶液 2～3 次。

36

花生地下病害有哪些？

花生地下病害有青枯病、茎腐病、白绢病、根腐病、果腐病和根结线虫病等。可在耕地时，施入克线灵或进行土壤消毒和药剂拌种等措施加以防治。

（1）青枯病　即维管束病，在花生根茎发生，初期主茎顶梢叶片失水萎蔫。发病后期，叶片自上而下凋萎，叶色暗淡，植株青枯死亡。拔起病株，主根尖端变褐湿腐，纵切根茎可见维管束变黑褐色，用手挤压切口处有白色液体流出。该病发病率10%～20%，造成减产。

（2）茎腐病　又叫倒秧病，发病部位在第一对侧枝分生处和根茎上。幼苗期病菌首先侵染子叶，发生黑褐色腐烂，然后侵染根茎产生黄褐色水渍状的病斑，使维管束腐烂。地上部叶色变淡，整株茎蔫，病株腐烂变黑褐色。

（3）白绢病　病菌侵染成株地面的茎基部，病部初期变褐软腐，上长波纹状病斑。病斑表层长出白色丝绢状菌丝体。病株周围布满一层白色菌丝体。受害茎基部腐烂，皮层脱落，剩下纤维状组织。病株叶片变黄，边缘焦枯，最后枯萎而死。受害果柄和荚果也长出白色菌丝。

（4）根腐病　病菌出苗前，侵染萌发种子，造成烂种，侵染花生幼苗主根变褐色，植株矮小枯萎。成株期受害花生萎蔫，叶片失水褪绿、变黄，叶柄下垂，根颈部出现主根凹陷，长条形褐色病斑，植株枯死。病菌也可侵染果针和幼果，造成脱落，荚果感染腐烂。

青枯病

茎腐病

白绢病

根腐病

37

花生地上害虫有哪些?

花生地上害虫主要有叶螨、棉铃虫、蚜虫、蓟马、叶蝉、红蜘蛛等,为害花生叶片。它们蚕食花生叶片,容易感染和传播花生病毒病,严重影响花生花芽分化和光合作用。对于地上的病虫害,应及时喷施毒死蜱等药液。对地下的病虫害应采取药剂灌墩防治,避免花生减产。

(1)叶螨 为害花生的有朱砂叶螨、截形叶螨和二斑叶螨,大多群集于花生叶背刺吸汁液,受害叶片正面为灰白色,逐渐变黄,重者叶片干枯脱落,影响花生生长,导致减产。

(2)棉铃虫 棉铃虫以幼虫为害为主,幼龄期幼虫在早晨或傍晚吃食花生心叶和花蕾,老龄期幼虫白天和夜间均大量蚕食叶片和花朵,常把叶片吃得残缺不全,甚至吃光。使叶面积减少,影响花生光合作用和干物质的积累,花生果重和饱果率下降,果针入土数量减少。

(3)蚜虫 花生从播种出苗到收获期,均可受到蚜虫为害,但以花生初花期受害最重。花生顶土时蚜虫为害嫩茎和嫩芽,出苗时在顶端的嫩茎、幼芽及嫩叶背面为害,开花后为害花萼管、果针,严重影响花生开花下针和结果。蚜虫还是多种花生病毒病的重要传播介体。受害的花生常表现为叶片卷曲，生长缓慢，植株矮小，花少，果实少而小。

（4）蓟马　体长1.7毫米左右，黑棕色体色。成虫以刺吸式口器刺伤吸食花生叶片和花等部位，造成叶部受损，花朵不孕结荚果。

叶螨

棉铃虫

蚜虫

蓟马

（5）叶蝉　体长4厘米左右，体色黄绿色或浅绿色。主要以成虫和若虫吸食花生叶片、分枝和花的汁液，造成花生减产。

（6）红蜘蛛　成虫体近似椭圆形，体色红色，个体较小，密集分布在花生叶的两面，阴天洼地，点片发生。主要吸食花生叶片汁液，容易引起花生锈病，花生产量降低。

叶蝉

红蜘蛛

38

花生地下害虫有哪些？

为害花生生产的地下害虫主要是幼虫蛴螬（成虫金龟甲）、金针虫、地老虎和线虫等。在整个生育期，它们不间断地取食花生根、茎、叶、果针、幼果、荚果和种仁，造成严重减产。

蛴螬有一年生和两年生的。一年生的成虫金龟甲在花生苗期从地里钻出，在花生幼苗上交配，并取食枝叶，然后钻进花生结实层产卵。当花生形成幼果时，卵孵化成蛴螬，开始钻食花生荚果发育生长，为害严重。二年生的蛴螬直接为害花生种子和荚果。

蛴螬成虫（金龟甲）

幼虫蛴螬为害荚果

金针虫橙色，体长3厘米左右，主要钻食花生种子和荚果。地老虎褐色，体长3厘米左右，咬断花生嫩茎或截断幼根，造成缺苗断垄现象。

金针虫

地老虎

应从花生播种开始，采取药剂拌种、扑杀蛴螬成虫（金龟甲）。用毒死蜱、吡虫啉等药剂灌墩等措施，消灭虫害，减少因害虫为害造成的空壳、烂果和落果。

钻食的荚果

药剂灌墩

39

怎样防治花生根结线虫病?

花生根结线虫病是一种毁灭性病虫害,是通过土壤进行传播的。它从花生苗期生根开始,就由幼虫的形态侵入根系,促使根端形成纺锤状或不规则的根结虫瘿。直至收获,整个生育期都在生长发育侵染花生根系,整个根系都变成了根结线虫病虫瘿。同时它还侵蚀荚果,严重为害花生产量,甚至造成绝产。

出苗期线虫病

苗期线虫病

线虫虫瘿

线虫侵袭荚果

　　防治花生线虫病的方法有 4 个：一是不要用含有虫卵的河沙或土壤改造土体。二是要轮作，不要重茬种植花生。三是耕花生地时，应沟施毒死蜱、阿维菌素、灭线磷和呋喃丹等药剂进行熏蒸杀死幼虫。四是利用药剂灌墩进行防治。

40

花生地主要杂草有哪些？

花生地主要杂草有马齿苋、苋菜、三棱草、狗尾巴草、牛筋草和马塘草等十几种。这些杂草与花生吸水争肥、遮阳挡风，造成花生叶片发黄、生长不良而减产。所以，花生覆膜栽培要喷除草剂，裸栽要及时中耕除草和人工拔草。

中耕拔草清除杂草为害

马齿苋

苋菜

三棱草

狗尾巴草

牛筋草

马塘草

41

如何防止花生徒长？

地膜覆盖花生密度大、分枝多，个体发育较强，若遇连阴下雨和强风吹袭，容易造成徒长倒伏现象。花生倒伏严重影响正常发育生长，光合效率降低，秕果和幼果增多，饱果减少，造成减产。所以当花生主茎高度达到 35 厘米以上，而且有徒长倒伏现象时，可用 50～100 毫克 / 升浓度的多效唑、壮饱胺药液等，根据情况分次在植株顶部喷洒。最好是控制在花生收获时，株高达到 40 厘米左右喷洒为宜。喷的过多，容易造成植株矮小，叶片变小变黑，或诱发花生锈病，导致花生落叶枯死，产量降低。

倒伏的花生

喷多效唑抑制剂

秕果

幼果、烂果

42

喷肥保顶叶有何作用？

由于花生单粒精播密度大，植株群体生长旺盛，开花下针和荚果膨大期消耗了大量的养分，后期容易出现脱肥、叶黄和落叶等早衰现象，影响荚果膨大，也可能出现干旱和内涝造成饱果减少、秕果增加，造成减产。为了延长植株上部叶片功能时间，增加生育后期的光合积累，提高荚果饱满度。在结荚后期每隔 7～10 天叶面喷施可喷施 0.3% 的磷酸二氢钾水溶液，或者 1%～2% 的尿素溶液，也可喷 0.02% 的钼酸铵溶液，来保护和维持花生功能叶片的光合作用。

叶片发黄缺肥

不喷叶面肥的秕果多

喷叶面肥的饱果多

43

花生后期抗旱排涝有何作用?

后期花生遇到持续干旱,容易出现根系老化、顶叶脱落、茎枝枯衰等情况,严重影响荚果结实饱满。若收获前两周遭遇干旱,花生籽粒容易感染黄曲霉毒素,降低花生品质,<u>应立即小水轻浇,以养根保叶</u>。

干旱花生　　　　　　　　籽仁感染黄曲霉毒素

若遇秋涝,又不能及时排水,荚果在土壤里容易发芽变质,或发生果腐病、烂掉果柄、荚果,造成减产。所以,要根据实际情况,做好花生后期的抗旱和排涝工作。

涝灾果腐病

水多籽仁在壳内发芽

44

怎样确定适时收获时间？

按生育期计算，一般普通型大果花生品种 120 天左右，珍珠豆型 110 天收获比较合适。确定花生收获最佳时期，最好应以 70% 的荚果，果壳硬化，网纹清晰，果壳内壁呈青褐色斑块，即达到"金壳、银碗、籽满堂"时，及时收获。

成熟花生标准

成熟的花生

秕果、幼果多

收获过早，花生籽粒不饱满，幼果多。收获过晚，过熟果增加，导致种仁发霉出现黄褐色变质，容易感染黄曲霉毒素，含油率降低，丰产不丰收。同时花生果针容易腐烂，荚果散落在地里，形成的芽果和烂果增多，产量显著降低。

花生收获太晚

芽果多

烂果多

芽苗果多

45

花生收获和摘果有哪些方法？

　　为减轻花生收获劳动强度，提高效率，应推广花生掘刨、抖土简易花生收获机。有条件的大面积花生产区，可采用翻刨、抖土、摘果和去杂等工序一次性完成的多功能花生联合收获机。

　　花生收获也可以使用简易的花生掘刨机，摘果可以用摘果机和人工来完成。

花生联合收获机

翻刨收获机

翻刨抖土收获机

摘果机

人工摘果

46

花生单粒精播技术的优点

（1）单粒精播密度大　地膜覆盖栽培，垄距 85 厘米，垄面宽 55 厘米，垄高 8～10 厘米，垄上播 2 行花生，垄上行距 35 厘米，花生穴距 12 厘米，每亩 13 000 穴。

（2）单粒精播用种少　比双粒穴播每亩 8 000～10 000 穴，单粒精播亩用种量节约 1/3～1/2。

（3）单株影响小　单粒精播单株影响小，花生根系多，开花结饱果多，显著高产。

单粒精播高产田

　　山东省农业科学院采用单粒精播技术，在山东莒南、平度和新疆玛纳斯培创出亩产荚果超750千克高产田。其中，2015年在平度古岘镇实收亩产荚果782.6千克，创国内外最高纪录。

单粒精播

单粒精播超高产田

现场标准验收

严格去杂

亩产荚果 782.6 千克

47

花生为什么叫甜茬作物？

花生根生长根瘤，里面有根瘤菌。根瘤菌固定的氮素，除供给花生需要外，其余均留在土壤中。据测定，2/3 的氮素被花生吸收，1/3 的氮素留在土壤里。花生亩产荚果 500 千克，可固定氮素 26～30 千克，留在土壤中 6～10 千克，相当于施入 13.0～21.7 千克的尿素。花生茬种植冬小麦，小麦收后种秋玉米，下年玉米茬再种花生，两年三作制均高产，已经成为农民普遍推广的种植模式。另外，花生茬种植覆膜秋大蒜和春玉米、春马铃薯、春地瓜及水稻等，长势良好，增产显著。所以，农民称花生茬是好茬甜茬。

花生根瘤

小麦生长茂盛

春玉米长势喜人

水稻增产

地瓜丰收

48

花生为什么忌连作？

花生连作 1 年减产 5%～8%，2 年减产 10%～15%，3 年减产 20% 以上。减产原因有 4 个。

（1）真菌减少　土壤中细菌和放线菌数量减少，真菌数量增加，打破了土壤固有的各种菌群的平衡关系。

（2）病虫害加重　土壤中病原菌和虫卵数量积累，病虫为害重。

（3）酶类降低　土壤中某些酶活性降低，如碱性磷酸酶、蔗糖酶等，降低了土壤有效养分的转化、释放和氮、磷、钾的数量。

（4）有害物质　花生分泌的有害物质，对下茬花生生长发育产生了毒害作用。

虫害严重

病害严重

缺苗断垄

叶腐病重

49

花生连作高产栽培技术要点

（1）多施肥　　每亩施土杂肥 5 000 千克，无机肥氮磷钾（含量各 15%）复合肥 100 千克。施肥后深耕 30～33 厘米。播种前，再施肥旋耕，种后加强田间管理。

（2）拌种　　耕地时要施毒死蜱等药剂，多菌灵粉剂、辛硫磷乳剂等拌种，减少地下害虫的为害。要强化喷洒药剂，防治花生叶部病虫害。

吡虫啉拌种

（3）换茬　花生收获后要抢种一茬萝卜、油菜、菠菜等，连茬花生播种前收获或直接压青，相当于轮作换茬，对缓解连作花生减产效果明显。

适当多施无机肥

多施有机肥

深耕后再旋耕

喷灌

50

花生连作土壤机械化改良

为了减轻花生连作会造成产量降低的影响，一般花生连作2～3年后，应该用土层置换式翻转犁进行一次土层置换。把上面0～30厘米的耕作层与下面30～60厘米的犁底层进行置换，形成新的土壤种植结构，可以充分改良土壤，激发土壤功能，减轻重茬影响，提高花生产量。

花生连作3年产量降低

土层置换式翻转犁

土层置换作业效果

51

麦套花生种植方式有哪些？

（1）大垄宽幅麦套种　垄宽90厘米，垄沟宽35厘米，垄面宽55厘米，垄高8～10厘米。秋种时垄沟内播一条20厘米的宽幅麦。麦收前40～60天在垄上，套种2行花生，行距30厘米，穴距15～18厘米，亩播8 230～9 880穴，双粒穴。

（2）小垄宽幅麦套种　秋种小麦垄距40厘米，播一条5～6厘米的宽幅麦带，行距34～35厘米。麦收前15～20天在垄上套种1行花生，穴距16～18厘米，亩播9 300～10 500穴，双粒穴。

（3）等行距套种　小麦、花生都是30厘米，麦收前15～20天，在麦行套种1行花生。穴19～22厘米，亩播11 000～11 500穴，双粒穴。

大垄宽幅麦套种 2 行花生

小垄宽幅麦套种 1 行花生

大垄麦套覆膜花生

小麦收获前套种花生

52

花生玉米宽幅间作技术有几点?

（1）深耕施肥　深耕 30 厘米，亩施有机肥 6 000 千克，复合肥（N$_{15}$P$_{15}$K$_{15}$）约 100 千克。

（2）品种　玉米选用鲁单 50、登海 605 等品种。花生选用花育 22 号、花育 25 号等品种。

（3）播期　覆膜花生在 4 月 25 日至 5 月 10 日播种。玉米间作在 5 月中旬。

专家测产

（4）采取 4：2 模式　垄距 85 厘米，垄高 12 厘米，垄沟 30 厘米，垄面宽 55 厘米。2 垄面上种 4 行花生，1 垄间作 2 行玉米。垄面小行距都是 30 厘米。花生、玉米株距均 15 厘米。花生亩播 6 972 穴，每穴 2 粒。玉米 3 486 株。

（5）采取 6：3 模式　宽幅带 3.6 米，花生 3 垄 6 行，玉米间作 3 行。

经验收，2019 年，山东莒南坊前采取 6：3 模式亩产花生 355.6 千克，玉米 574.3 千克。

4：2模式前期

4：2模式苗期

4：2模式后期

6：3模式前期

6：3模式苗期

6：3模式后期

53

夏直播花生高产栽培技术要点有哪些？

夏直播花生生育期短，热量不足，要提高产量，应做好以下4点。

（1）重施前茬肥　亩施有机肥5 000千克，氮磷钾复合肥100千克，适当配施钙、锌肥。灭茬时补施50千克复合肥。

（2）搭配良种　前茬作物用早熟品种，花生用早熟和中熟品种。

施肥灭茬

（3）密度　垄距80～85厘米，垄高12厘米，垄沟30厘米，垄面宽50～55厘米，垄上种2行花生，穴距13.5～15厘米，每亩11 000～12 400穴，双粒穴，地膜覆盖并铺设滴灌管。

（4）管理　出苗后，及时开孔放苗，促进侧枝和花器官发育。始花后，喷代森锰锌等药液，防止叶部病虫害。中后期，可喷叶面肥和防病杀虫药剂保叶、保果。为防止倒伏，可叶面喷施50～100毫克/升多效唑。

泰丰单种衣剂拌种

苗壮苗旺

铺设滴灌管防旱

机喷叶面肥

54

什么是花生带状轮作复合种植技术？

为充分发挥花生根瘤固氮作用，以花生为主体，兼顾玉米、棉花、高粱、谷子、油葵等作物，压缩玉米等高秆作物株行距，发挥其边际效应，保障其稳产高产，挤出带宽种植花生，实施带状种植，翌年两种作物"条带互换"种植。实现间作与轮作有机融合、种地养地结合、碳氮减排及农业绿色发展。

玉米花生 3：4 带状轮作

棉花花生 4 : 6 带状轮作

谷子花生 4 : 4 带状轮作

高粱花生 3 : 4 带状轮作

55

花生棉花宽幅间作技术有几点？

花生棉花宽幅间作，每亩花生收获 300 千克荚果，皮棉收获 75 千克，效益显著。技术要点如下。

（1）密度 幅宽 4 米，4 月上旬播种覆膜花生。花生分 2 组 6 行，行距 29 厘米，穴距 20 厘米。每亩播 5 000 穴，每穴 3 粒。

（2）播期 棉花于 5 月 10 日左右，移栽地膜棉。每幅 4 行。株距 20～24 厘米，每亩 3 000 株左右。

（3）科学施肥 花生和棉花施用氮、磷、钾、钙等肥料，要合理搭配，或用专用肥作基肥。做到有机肥和无机肥结合，并要重视花铃肥和盖顶肥的施用。

花生棉花宽幅间作

花生棉花间作

56

花生油葵宽幅间作技术有几点？

（1）密度 根据地力水平选择以油葵花生行比3：4为主的种植模式，带宽350厘米，油葵小行距55厘米，株距15～16厘米；花生垄距85厘米，垄高10厘米，一垄2行，小行距30厘米，穴距10厘米，每穴1粒（每亩间作田约种植：油葵3 500株＋花生7 600株）。翌年花生带与油葵带轮作换茬。

花生油葵宽幅间作

（2）品种　花生选用较耐阴、早熟、稳产、大果花生品种；油葵选用抗倒伏、矮秆、单株生产力高的品种。

（3）播种　油葵采用小型播种机播种，播深3厘米左右，深浅保持均匀一致，播后随即轻镇压。花生采用一体播种机播种。

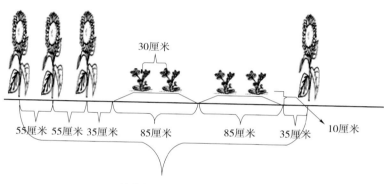

油葵与花生 3∶4 带状种示意图

（4）补苗　为防止整地质量不好，天气干旱少雨造成油葵缺苗，点播时可在行间播种备用苗，缺苗时及时移苗补栽，移栽时要坐水栽植或雨后及时移栽。当油葵第一对真叶展开时进行间苗，第二对真叶展开时进行定苗。在油葵现蕾培土高度为10厘米以上，以促进油葵根深叶茂，防止倒伏。

（5）管理　有些油葵品种在花盘形成期，要及时摘除中上部的腋芽，促进主茎花盘的生长。

57

花生高粱宽幅间作技术有几点？

（1）模式　选择高粱与花生行比3∶4为主的模式。带宽340厘米，高粱窄行距50厘米，株距12～14厘米；花生垄距85厘米，垄高10厘米，1垄2行，小行距30厘米，穴距10厘米，每穴1粒，高粱与花生行距35厘米。翌年花生带与高粱带轮作换茬。

高粱与花生3∶4带状种植

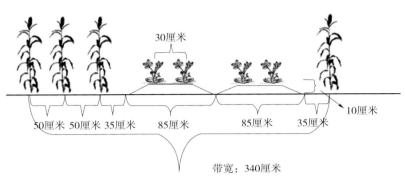

高粱与花生 3∶4 带状种植示意图

（2）品种　高粱选中矮秆、单株生产力高的品种；花生选较耐阴、早熟、稳产、大果花生品种。

（3）播期　黄淮海地区春播时间应掌握在 4 月 25 日至 5 月 10 日播种，夏播最佳播种时间应掌握在 6 月 5—15 日。播种时土壤相对含水量以 65%～70% 为宜，播前旋耕 30 厘米以上。高粱播种深度一般以 3～5 厘米为宜，播种后进行镇压保墒，压碎土块，使种子与土壤密接，以利种子吸水发芽。

（4）管理　注重出苗前防治，选用 33% 二甲戊灵乳油（如施田补）等高粱和花生共用的芽前除草剂。高粱出苗后 3～4 叶时进行间苗，5～6 叶时定苗。

（5）收获　在蜡熟末期收获，80% 以上的植株穗下基本变黄，叶片枯萎，籽粒变硬而有光泽，籽粒由白色转变为红褐色，挤压时无乳状物。收获后经 3～5 天后熟，进行脱粒晾晒后入仓贮藏。

58

什么是花生玉米间作一体机？

　　麦茬地经过秸秆还田、旋耕后，采用玉米花生间作播种机进行播种作业，该机一次进地能够完成起垄、施肥、玉米播种、花生播种、覆土、镇压等作业工序，能大大提高劳动效率。

玉米花生间作播种

　　为达到保温增墒的目的，花生种植需要进行铺膜。玉米花生间作铺膜播种机能实现花生铺膜、膜上单粒穴播，种子发芽后无须进行人工放苗，减轻劳动量，提高作业效率。

玉米花生间作铺膜播种机

59

什么是花生全程可控施肥？

　　控释肥就是根据花生生育期对氮、磷、钾、钙等多种营养元素的需要特点和数量，在复合肥料的颗粒表面上，分层包上一层很薄的疏水物质制成的包膜化肥。

施控释肥高产田

　　山东省农业科学院根据花生生育期的需肥特性，苗期对速效肥、中后期对氮肥和钙肥需肥规律，研究出了高产花生双层膜无机肥料新技术。

　　该技术就是对花生专用肥多层包膜、速效肥和缓释肥共同制造肥粒。生产出肥粒外层为速效肥，内层为缓释肥的多层包膜的花生专用可控缓释肥料。使用后能达到花生生育期全程可控的施肥效果，取得了显著的增产效果。

控释肥的效果

60

花生分层施肥机械有哪些优点？

　　针对花生全生命周期施肥问题，山东省农业机械科学研究院设计出一种可实现起垄、分层施肥、覆膜的花生播种机。可根据不同生育期需肥规律，将不同肥料一次性施入不同深度土层，形成立体条带式肥料分布，并结合单粒精播、覆膜覆土等装置完成多道工序，从而减少机具进地次数，提高化肥施用后的利用率，解决后续土壤压实严重、劳动强度大等问题，保证了苗全、苗齐、苗壮，实现夏花生高质量播种。

花生分层施肥播种机

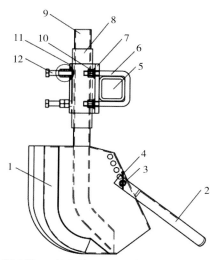

（1.开沟器；2.覆土器；3.销方管；4.开口销；5.横梁；6."U"形螺栓；7.安装板；8.连接方管；9.施肥管；10.螺母；11.固定轴；12.螺栓）

单体式分层施肥装置示意图

61

什么是膜上打孔气吸式精播机？

　　山东省农业机械科学研究院研发的农艺性能优良的花生膜上打孔气吸式精播机，将花生施肥、起垄、播种、覆膜、膜上压土等工序1次完成。播种前要根据密度调好穴距，根据化肥数量调整施肥器流量，并保证机械可在播种行上方膜面覆土高度不足5厘米的土埂上行走，确保花生幼苗能自动破膜出土。

膜上打孔播种高产田

145

　　花生单粒精播机要求，密度规格为垄距 80～85 厘米，垄沟宽 30 厘米，垄面宽 50～55 厘米，垄高 12 厘米，垄上种 2 行花生，垄上小行距 25～30 厘米，播种行距离垄边 12.5 厘米，大行距 55～60 厘米，穴距 10 厘米，播深 4 厘米，播种 15 687～16 668 穴 / 亩，每穴播 1 粒种子。花生种植前，要提前按照上述要求进行机械起垄。

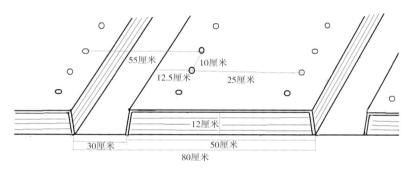

花生单粒精播超高产密度规格示意图

覆膜后打孔播种覆土精播机

膜上打孔气吸式精播

62

怎样减少地膜的危害？

　　花生覆盖地膜，增产原因有 4 个：一是提高了土壤温度。二是地膜保持土壤水分。三是增加了土壤的松暄度。四是促进了花生生长，显著提高了产量。

创造美好的花生生态环境

花生覆盖地膜，危害有 3 个。

（1）污染土壤　花生收获后约有 50% 的残膜留在土壤中，很难分解，在耕作层中不断积累。每亩残膜量达 3 千克时，农作物将减产 10% 以上。

（2）污染饲料　30% 的残膜缠在花生棵上，污染了牲畜饲料。

（3）污染环境　20% 残膜随风飘扬。乱放堆集，污染了环境，造成严重的白色污染。

收获前要揭去埋在垄两边的地膜，收获后要摘除棵上的残膜，耕地耙地要捡拾残膜。

花生覆膜面积不断扩大

翻刨后的地膜

残膜污染环境

摘除花生棵地膜